超级涨知识

香港城市大学 研究员
李骁 主审

小猛犸童书

韩明 编著
马占奎 绘

绕不开的计量单位 4

温度（太阳上有多热？）

電子工業出版社
Publishing House of Electronics Industry
北京·BEIJING

目录

摄氏温标和华氏温标

炎炎夏日，我们会感觉很热；冰天雪地的冬天，我们会被冻得瑟瑟发抖，全身上下都感觉很冷。人体可以直观地感受到温度以及冷暖的变化。那如何衡量温度呢？

华氏度（°F）

1714 年，华氏温标由玻璃水银温度计的发明者华伦海特首创，单位为华氏度。最初以氯化铵与冰混合物的温度为零度，而以人的正常体温为 100 度，这两个温度点之间等分为 100 格，每格为 1 华氏度，用°F来表示。

212 °F

后来，华氏度的温标改为：在一个标准大气压下，水的沸点为 212 华氏度，水的冰点是 32 华氏度。现在，只有美国等少数国家在使用华氏温标。

32 °F

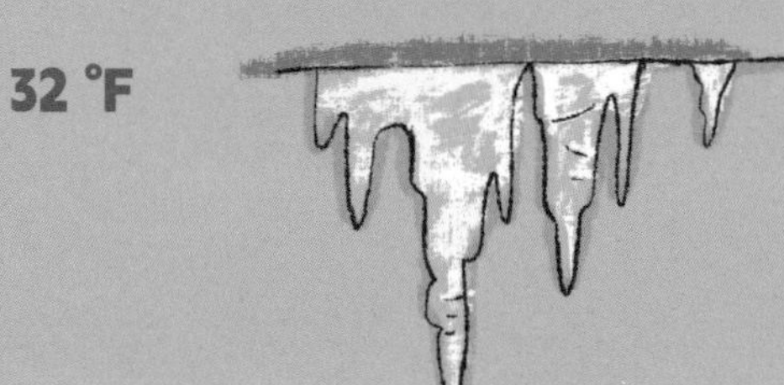

摄氏度（℃）

1742 年，瑞典天文学家摄尔修斯利用物质热胀冷缩的特性，用水银作测温质，建立了摄氏温标，也就是用来测量物体温度的标尺。他规定：在一个标准大气压下，将纯水结冰的温度（冰点）定为 0 摄氏度（℃），将水沸腾的温度（沸点）定为 100 摄氏度（℃）。

在 0 摄氏度（℃）和 100 摄氏度（℃）中间，分为 100 等份，每 1 份叫 1 摄氏度（℃）。若某地气温为 -6℃，读作：零下 6 摄氏度（℃）或者负 6 摄氏度（℃）。

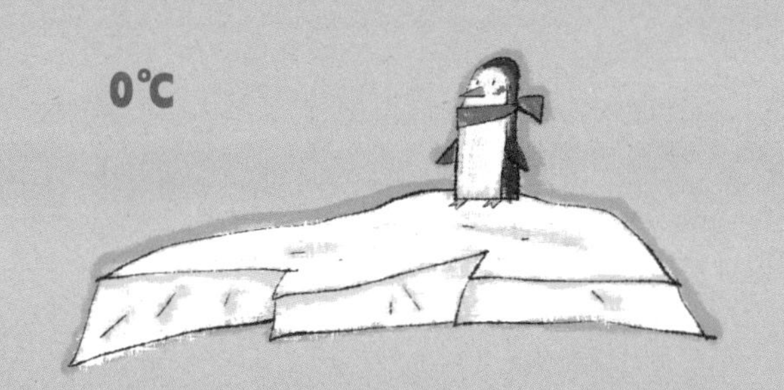

古人用自己的体温来衡量温度

在中国古代，我们的祖先没有测量温度的仪器，不能精准地测量温度的高低，他们习惯用冷、热、暖、烫、寒等词汇来形容对温度的感知。但是，温度多高是暖，多低是寒呢？要以什么为依据呢？

聪明的古人早早地就发现，**人体的温度是比较恒定的**，所以常常用自己的体温作为参考标准，来形容温度的高低。

北魏农学家贾思勰（xié）所著《齐民要术》中记载，北方牧民要想把奶酪发酵好，就需要让它的温度“小暖于人体”，也就是说比人体的温度略高一些。

元代的王祯在教人养蚕时，这样形容温度：养蚕人“需著单衣，以为体测，自觉身寒，则蚕必寒，使添熟火；自觉身热，蚕亦必热，约量去火”。意思就是养蚕人穿一件衣服，以自己的身体来感受冷暖温度，如果养蚕人觉得冷，蚕也会觉得冷，这时就需要加火，反之，需要减少一点火。

世界上最早的体温计

人类发明体温计，并可以用其准确地测量体温，这要感谢一个人，他就是意大利伟大的数学家、物理学家伽利略。

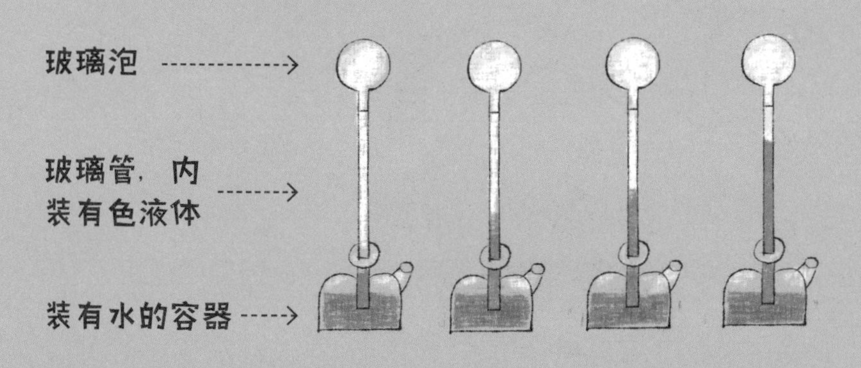

伽利略**利用热胀冷缩的原理**，开始研制温度计。他找来一根细长的玻璃管，画上刻度，一端制成空心玻璃球状，另一端开口，然后在玻璃管里装入有色液体，倒置在装有水的杯子中来测量温度。

这样，当环境中温度升高时，玻璃球内的气体便会膨胀，玻璃管中的水位会下降；当环境中温度降低时，玻璃球内的气体便会收缩，玻璃管中的水位会上升。这就是**世界上最早的温度计的雏形**。

后来，伽利略的同事对此进行改良，设计出蛇状玻璃管气体温度计，内部装有红色液体，玻璃管上刻有100个刻度，可以用来测量体温，这就是**世界上最早的体温计**。

使用温度计应注意以下几点：

1. 使用温度计前，要观察温度计的量程（测量范围）、分度值和零刻度线。

2. 测物体温度时，使温度计的玻璃泡和被测物体充分接触，等到温度计里的液柱不再上升或下降时，再读数。读数时，除体温计外，温度计不能离开被测物体。

3. 测液体温度时，温度计的玻璃泡不能碰容器底部和侧壁。

4. 读数时，视线要与温度计的液面相平，不能出现俯视或仰视。

你现在使用的水银温度计，都是在这个基础上慢慢研发出来的。
阿嚏！我得感谢伽利略的伟大发明……哎哟，还是不要用到体温计比较好！

温度改变物体的形态

地球上的大多数物质是以固态、液态、气态三种中的一种存在着。无论是固态、液态还是气态，都是由一个个肉眼看不到的微小分子或原子构成的。如果温度或压力发生变化，物体的形态就会跟着改变。**如果把冰加热，冰就会变成水，继续加热，水就会变成水蒸气。**

所有的分子、原子都处于运动状态，它们获得的能量越多，运动幅度就越大。热是能量的一种，我们可以通过加热某一物体，改变它的温度，向它传递能量。

固体的分子间存在着很强的吸引力，这种吸引力使分子聚集在一起，从而使得物体能够维持固体的形态。

如果给固体物质持续加热一段时间，其中的分子获得能量，运动幅度加大，固体会逐渐变成液体。

如果继续加热液体，液体中的分子就会获得更多的能量，分子间的吸引力就无法把它们凝聚在一起，它们自由自在地运动，四处飘荡。这时，液体就转化成了气体。

我们来做个实验。准备两个杯子，一个杯子里倒入热水，另一个杯子里倒入冷水，然后分别在两个杯子里加入颜料，看看哪个杯子里颜料散开得快。
两杯水温度不同，热水中的分子运动得快，加速了颜料扩散。而冷水中的分子运动得慢，所以颜料扩散得就慢。
看，热水杯的颜料散开得快，冷水杯里的颜料散开得慢。好神奇呀！

有趣的热胀冷缩现象

电线杆上的电线在冬天时会绷直，到了夏天就会垂下来一些，那是因为电线遇冷收缩变短，受热膨胀变长。

大多数物体受热会膨胀，受冷会收缩，这是因为温度上升时，物体中的小分子、原子吸收热量，运动幅度变大，彼此需要更大的活动空间，物体就变大了；温度下降时，它们失去了部分能量，运动幅度变小，物体就变小了。

如果乒乓球不小心被踩瘪了，只要放在开水里烫一烫，瘪的地方就鼓起来了，这说明乒乓球里的空气受热以后体积变大了。

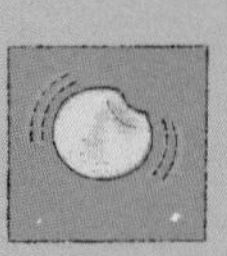

高速公路的金属护栏，在接头处总要留有空隙，就是为了防止在高温下护栏发生膨胀而受到损坏。

大多数物体会热胀冷缩，除了特定温度下的水。**水在4℃时，体积最小，密度最大**，随着温度下降，水凝结成了冰，冰的体积反而变大，发生反常膨胀现象。所以，千万不要把啤酒放入冰箱里冷冻，凝结成冰的啤酒体积会变大，甚至可能把酒瓶撑爆裂！

一定是马小虎干的好事，给我自行车胎打了太多的气，他难道不知道热胀冷缩吗？膨胀的气体受到挤压，很容易爆胎呀！唉！
特价
FOREVER

水达到沸点后，温度为什么不再升高

100
100
100
90
80
70
60

在标准大气压下，水烧到100℃，达到沸点，就会沸腾。可是，即使将炉火烧得更旺些，水壶继续在炉火上吸收更多的热，开水的温度依然维持在100℃，水温不会再升高，这是为什么呢？

这是因为水在沸腾的同时，要蒸发许多到空气中去，这些水蒸气携带走了许多热量。所以，水沸腾的时候，虽然水壶不断地从炉火中吸取热量，但是这些热量立即就被带到空气中去了，炉火越旺，水壶得到的热量越多，这些热量就使越多的水汽化成水蒸气，而水壶里水的热量不能聚集起来，于是，水温就不再升高了。

液体里的小分子能够摆脱分子间的引力，上升到空中变成气体，这种现象叫作**蒸发**。水坑里的水在太阳下暴晒逐渐消失，就是蒸发现象的一种；我们出汗后感觉皮肤变得凉爽，是因为汗水蒸发时带走了皮肤表面的热量。温度越高，小分子活力越强，活动幅度越大，上升到空中变成气体的速度就越快。

扇子扇风可以加速汗液的蒸发，所以让人觉得凉爽。电风扇也是如此。

温度计家族

我们现在使用的温度计，主要是利用**热胀冷缩原理**来测量温度的。温度计的玻璃泡里通常装着水银、煤油或酒精等液体。

室温计

用于测量室内外空气的温度，测量范围通常在 -40℃ ~ 50℃之间。

实验室温度计

通常用来测量 -20℃ ~ 110℃范围内的液体温度。使用时需要将温度计玻璃泡没入液体中，并让玻璃泡中的工作物质充分感受到液体的温度，产生热胀冷缩现象。等玻璃管中的液柱稳定后再读数。测量时，玻璃泡不要碰到容器壁。

人体温度计

用于测量人体温度，以水银作为工作物质，测量范围通常在 35℃ ~ 42℃之间。人体温度计上的缩口能防止水银柱因从体内取出遇冷而下降。使用体温计之前，要先甩一甩，就是为了让水银柱降到低位，以免被上一次测量结果干扰。

恒温动物与变温动物

自然界中很多动物和人一样，能保持基本恒定的体温，摸上去暖暖的，被称为“**恒温动物**”或“温血动物”，大多数的鸟类和哺乳动物是恒温动物。它们体温调节机制比较完善，能在环境温度变化的情况下保持体温的相对稳定。因为可以不受外界温度的影响，所以恒温动物遍布全球。有一些哺乳动物，在冬眠时体温会下降10℃甚至更多，这样就能节省能量，可以在不吃或少吃（间或苏醒状态）的情况下，度过数月长的严寒，如刺猬、榛睡鼠。它们不是严格意义上的恒温动物。

很多动物的体温会随着环境温度而发生变化，被称为**“变温动物”**或**“冷血动物”**，冷血动物摸上去感觉凉凉的，大多数的鱼类、爬行动物和两栖动物是冷血动物。它们的身体中，不存在可以自动进行体温调节的机制，体温只能随着外界环境的变化而变化。外界温度变化对变温动物影响极大，所以变温动物不仅生活范围狭窄，活动时间也很受限。

比如蛇，在冬天只能躲起来，通过冬眠来保持自己的生命特征，等待开春，气温回暖，体温再次升高，生命重新复苏。

不同环境温度对人体的影响

1. 外界温度对人体的影响

科学家研究表明，24℃左右是人体感觉最舒适的环境温度。当外界温度达到33℃时，人体的汗腺开始启动，通过出汗散发体内蓄积的热量。36℃时，人体开始发出一级警报，通过蒸发汗水散发热量的方式来降温，这个时候，就要及时补充盐、维生素和矿物质，防止体内电解质紊乱，同时采取降温措施。40℃以上时，高温已经令人头晕眼花了，这时必须想办法为身体降温，否则待在这样的高温下，人会感到难以呼吸，如果不及时降温，很容易对生命造成威胁。

夏季，22℃～28℃是最佳室内温度。空调调到26℃，这时让人体感到最舒适，也是最节能的温度。

冬季，16℃～24℃为最佳室内温度，最好不要超过28℃，否则室内、室外温差过大，很容易生病。

2. 人体自身调节温度

不管是严寒还是酷暑，人体都会进行体温调节，将人体深部温度恒定在 37℃左右，以保障身体的正常运行。口腔健康温度范围为 36.3℃～37.2℃，腋窝健康温度范围为 36℃～37℃，直肠健康温度范围 36.9℃～37.9℃。

当体温超过 40℃时，人会出现昏厥、脱水、呼吸困难等症状；当体温超过 42℃时，人就有生命危险了。可以用冰袋为发高烧的人降温。

当体温低于 35℃，会出现呼吸和心率加快、颤抖等现象，严重者会失去意识甚至死亡。

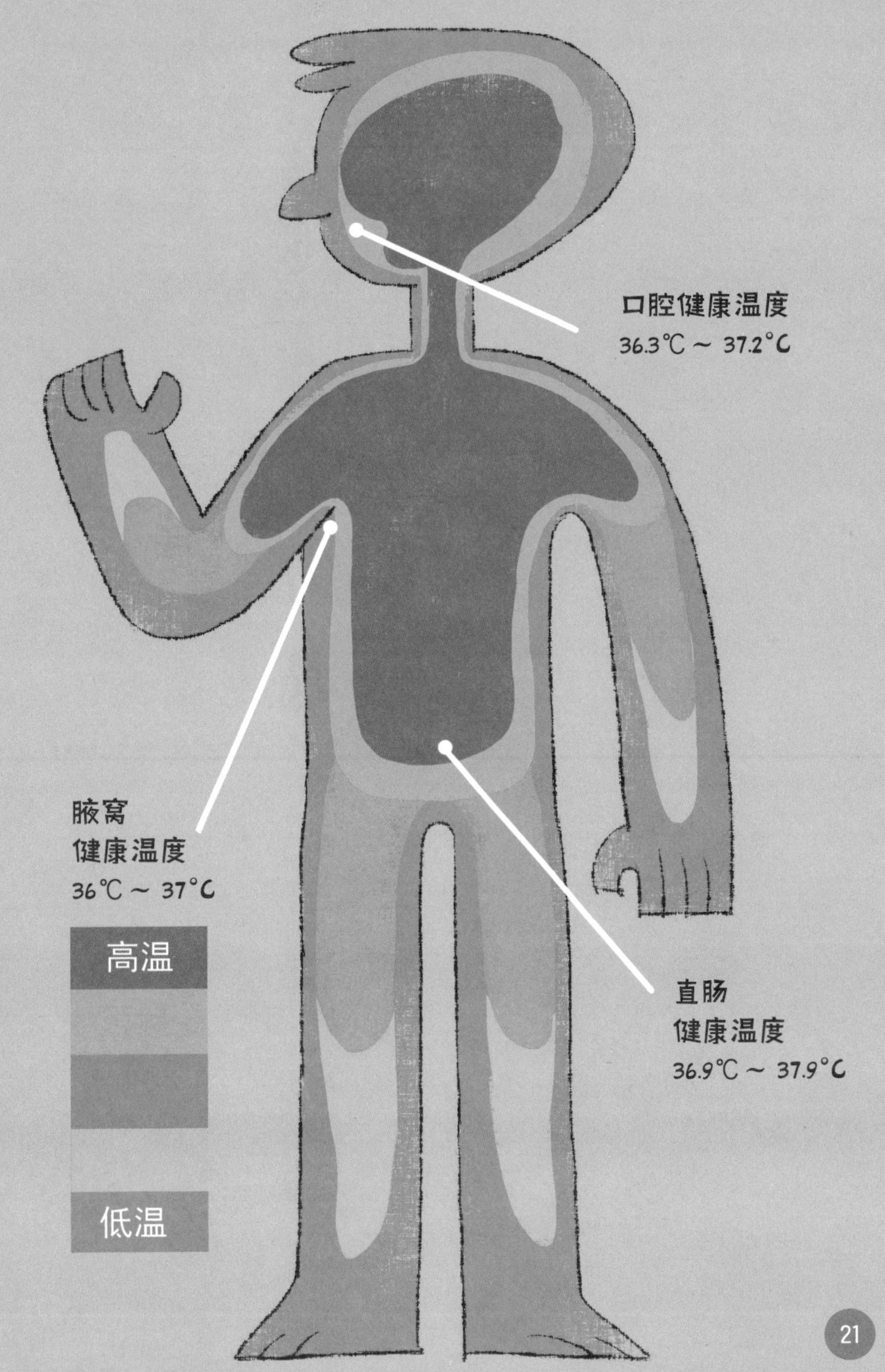

太阳到底有多热

太阳是离地球最近的恒星，它可以发光、发热。没有太阳的光和热，太阳系里所有的行星都将变得极其冰冷，地球上的生命根本无法生存。

太阳非常巨大，足以**装下 130 万个地球**。

太阳已经“燃烧”了 45 亿年。据测算，它包含的物质还能继续支持“燃烧”几十亿年。

太阳这个大火球异常灼热，它的内部温度非常高，里面不断地进行着热核反应，由此产生了巨大的能量，这些能量通过辐射，传递到太阳表面，并继续向外辐射。每秒钟，约有 400 万吨的氢变为光和热，传输到太阳表面，然后辐射到宇宙空间。

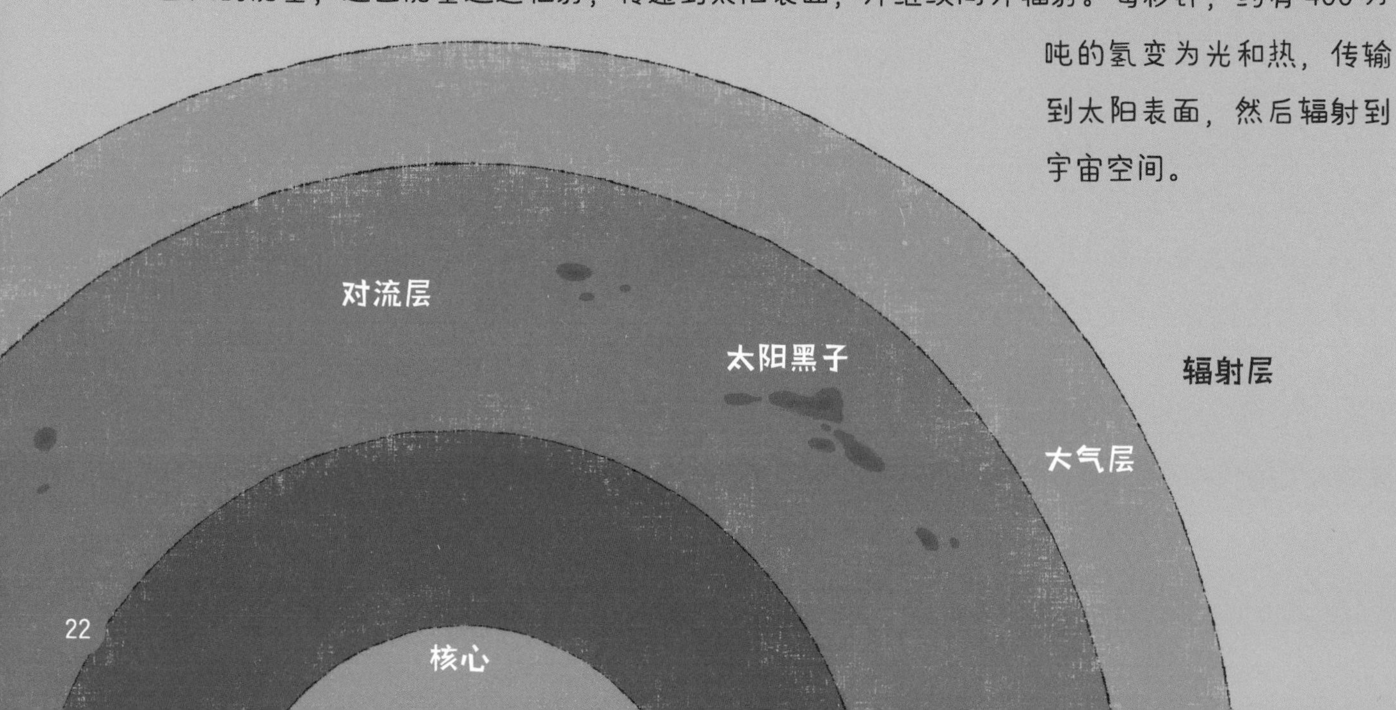

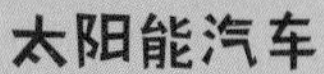

太阳能汽车

太阳能房屋供暖

太阳能计算器

太阳释放的能量就是太阳能，它是一种无污染的能源，我们可以收集起来加以利用，如太阳能汽车、太阳能房屋供暖设备以及太阳能计算器，都是太阳能利用技术的产物。

别说是生物，就是超抗热特殊材料做成的宇宙飞船，隔着太阳大气层还有好几千米，就会被烧成灰烬了。
难怪神话故事中追日的夸父，追着追着就热死了！

太阳温度的测量

18 世纪俄国天文学家采拉斯基是最早解开太阳表面温度之谜的人。他经过多年的努力，制成了一个直径为 1 米的凹面镜，当天空晴朗时，他将凹面镜对准太阳，在凹面镜的焦点上便有一个如同硬币大小的图像。他把一片金属放到该焦点上，金属片很快变形、弯曲，逐渐熔化。

他据此判断，焦点上的温度至少有 3500℃，所以他断定，太阳的表面温度至少也有 3500℃。这个数据虽不准确，却是第一次解开太阳表面温度之谜的实验。同时，他也给后人提供了一个进一步探索的思路——太阳的表面温度可以根据太阳的辐射来测定。

灰白色 12000°C ~ 15000°C
黄白色 -6000°C
草黄色 -5000°C
橙黄色 -3000°C
蓝色 -2500°C
玫瑰色 -1500°C
鲜红色 -1000°C
深红色 -600°C

1879 年，物理学家斯特凡推算出一个重要的定律，物体的辐射量与它的温度的 4 次方成正比，人们根据这个定律推算出太阳表面温度为 6000℃。

随着近代光学技术的发展，人们又发现物体温度的高低与它呈现的颜色有着密切的关系。比如，当一块金属放进炉中加热，起初是暗红色，然后是鲜红色，再然后是橙黄色……经过测定，可以得出物体温度和颜色的规律。

我们平时看到的太阳呈金黄色，除去受到地球大气层的削弱，太阳的颜色也是与 6000℃的温度相对应的，这也从另一个角度验证了太阳表面温度是 6000℃这个结论是正确的。

这个我知道，晒伤就是太阳的紫外线辐射造成的。还有危险的 X 射线和伽马射线，不过它们被大气层阻挡住了。
千万不要直视太阳！还记得要抹防晒霜。

地球的温度

地球是我们人类赖以生存的家园,它是距离太阳第三近的星球,处于太阳系的“可居住地带”,既不太冷，也不太热，是目前已知唯一有生命存在的星球。

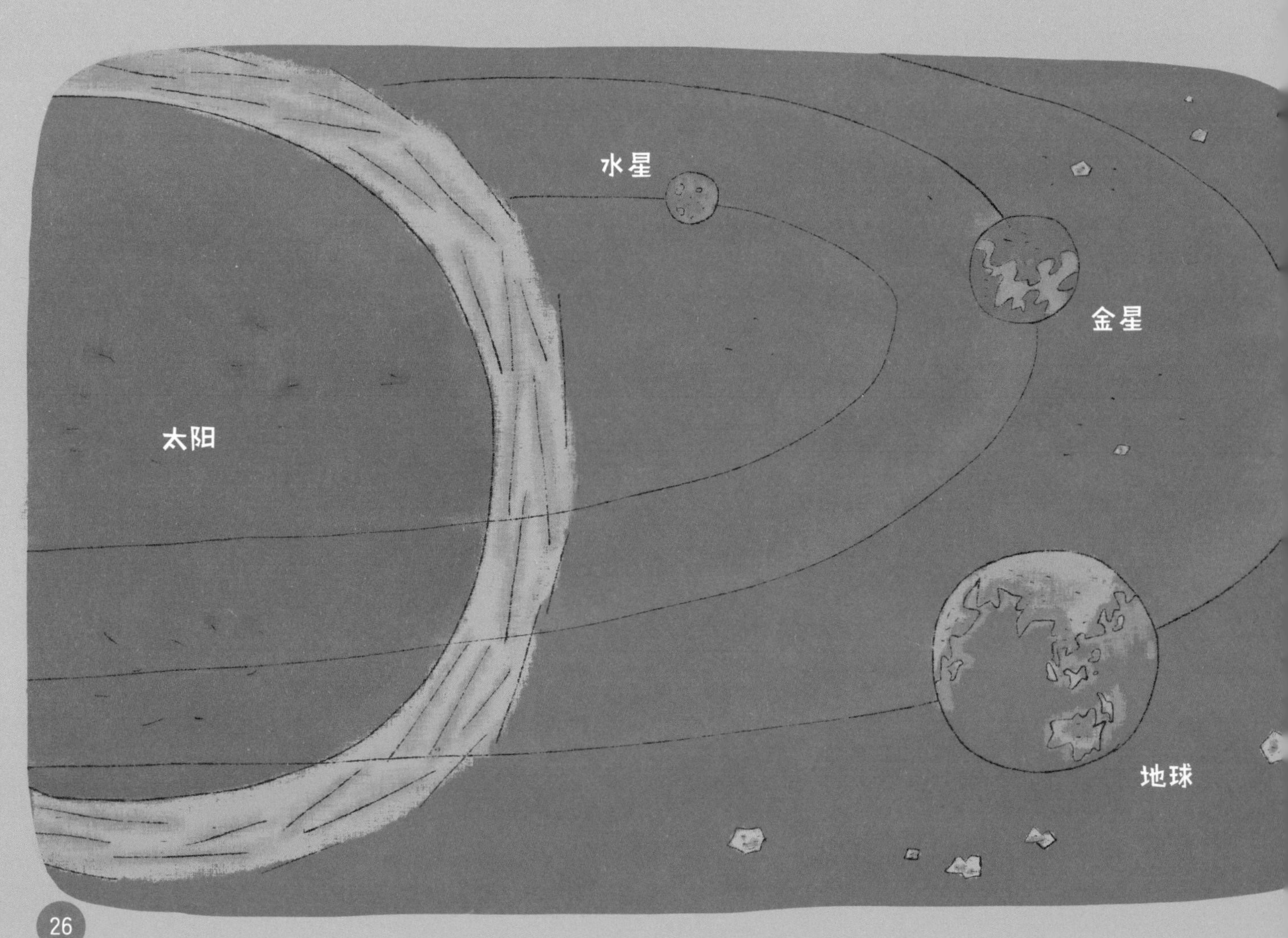

如果把地球切开，它看起来就像一个煮熟的鸡蛋，有三层。

薄薄的地壳就像鸡蛋壳，地壳的厚度各地不均，在 5 ~ 70 千米之间变化。地球表面的平均温度在 15℃左右。

地幔像蛋白，地幔里充满了炽热的岩石，约有 2900 千米厚。

地核像蛋黄，是一个固态的球体，直径约为 2440 千米，由密度非常大的物质组成。地核内部极其酷热，温度可到达 6000℃，与太阳表面的温度接近。

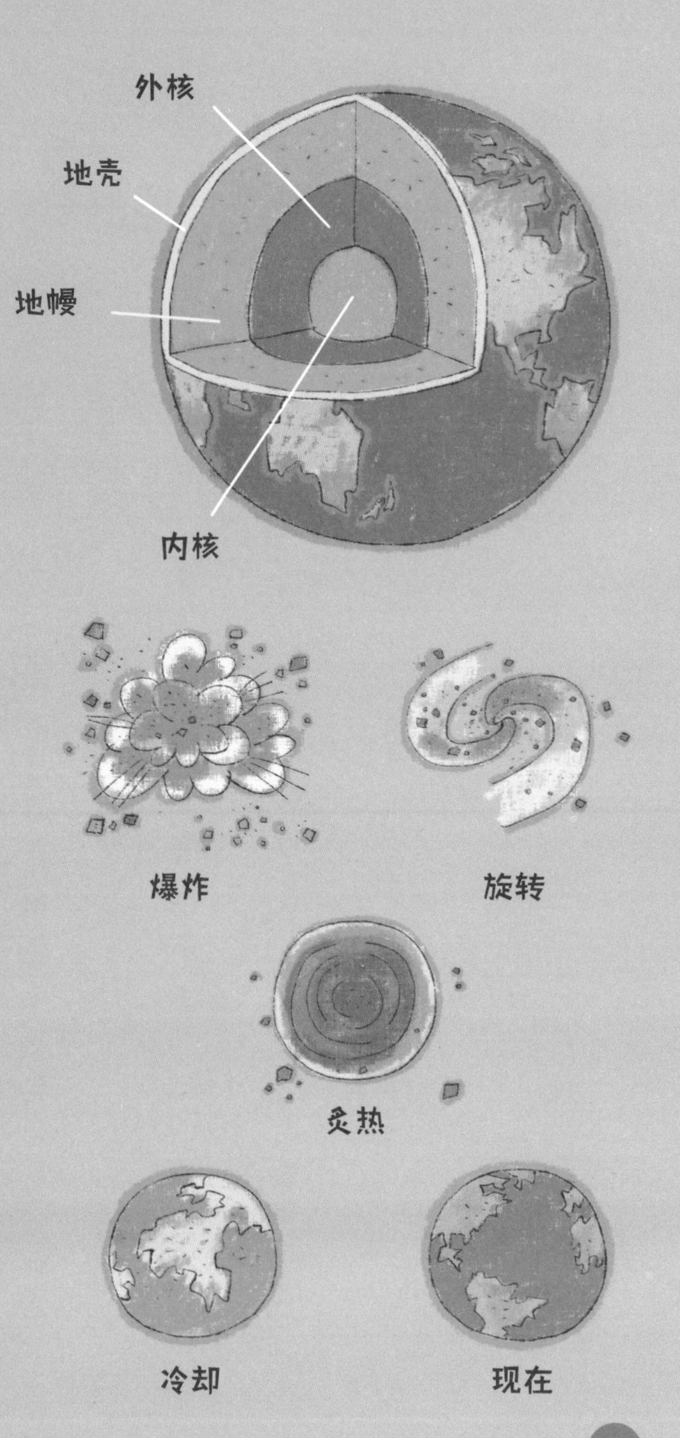

内部高温来自哪里

科学家发现，在 46 亿年前，各类小天体相互撞击爆炸，聚集形成一个巨大的球。在聚集旋转的过程中，原始地球产生了大量的热量，因此早期地球从表面到内部的温度都非常高，整个地球就像一个炙热的大火球。之后地球逐渐冷却，形成了地壳、地幔、地核的分层结构，尽管至今已经冷却了 46 亿年，但还是有许多的热量储存在地球的内部，因此地核的温度可达到 6000℃。

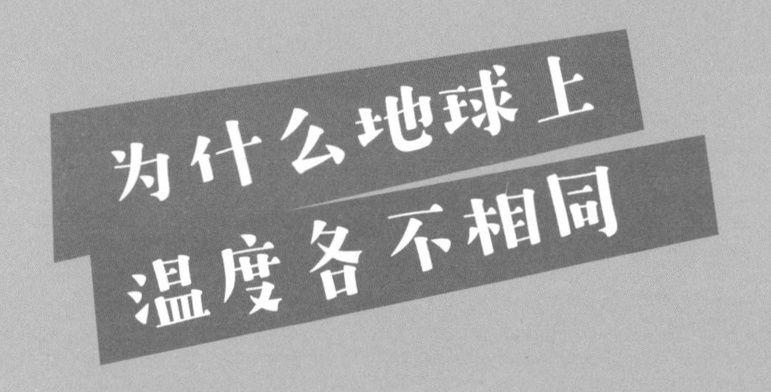

为什么地球上温度各不相同

地球上的天气是由太阳决定的。在同一个时间段内，地球表面受到阳光照射的情况不同，冷热也有差别。

阳光照射得到的地方温暖而明亮，接收到的太阳热量比较集中，温度较高。**最热的地方就是地球的赤道地区**。

赤道是人们想象出来的一条圆周线，它将地球分为**南半球和北半球**。

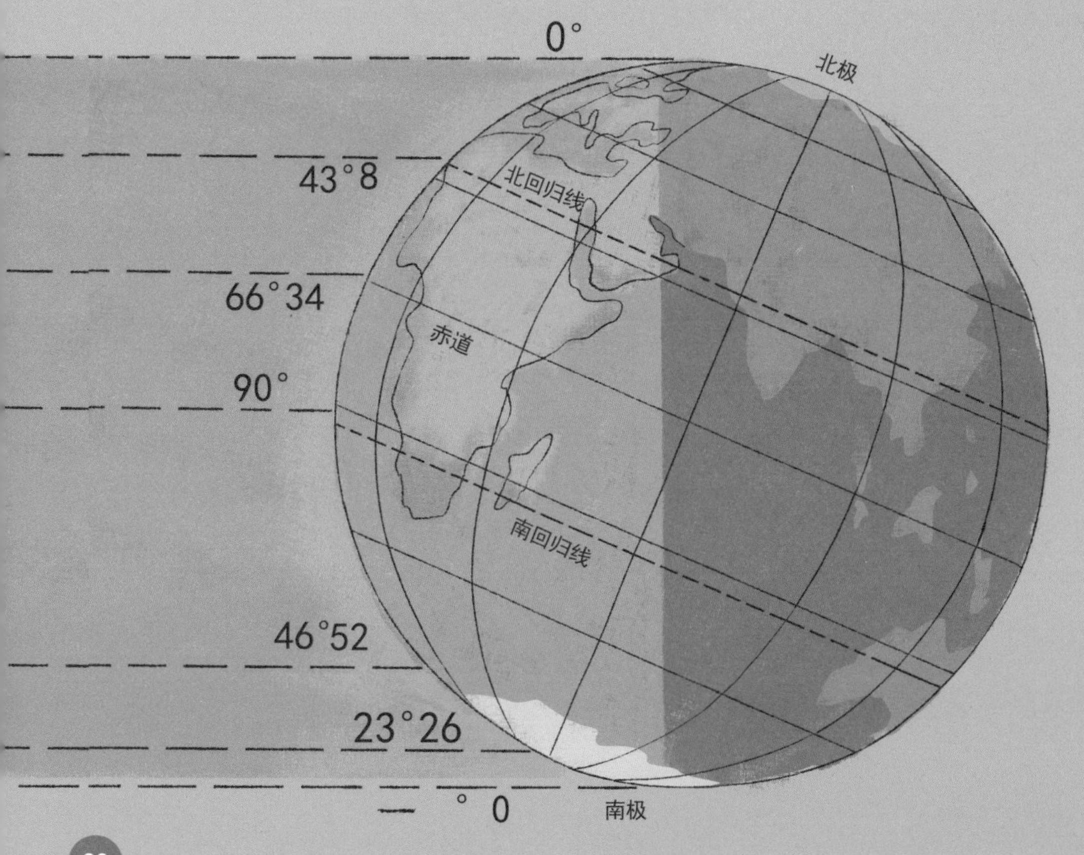

离赤道越远就越冷，北极和南极是地球上最冷的地方。太阳光倾斜着照射到两极，而且两极的冰雪完全不能储藏热量，反而像一面巨大的镜子，将光和热反射回太空。

人们把地球表面划分为五个带：**热带、北温带、南温带、北寒带和南寒带。**

热带：赤道两侧、南北回归线之间的区域是热带，这里气候终年炎热。全年平均气温高于15℃，没有明显的四季差异。

北温带和南温带：这里地面得到的太阳光热比热带少，比寒带多，四季变化分明，气温不会太低也不会太高。

北寒带和南寒带：这里阳光斜射得厉害，甚至有一段时间太阳总在地平线以下，气候终年寒冷，通常不会超过 -5℃。

地球的温度区域

重要的温度数据

死亡谷

地球上最热的地方之一：美国的死亡谷，最高气温可达 50℃，在那里，人们每天至少要喝 16 升的水。

沃斯托克考察站

地球上最冷的地方之一：这里的温度曾经下降到 -89.2℃，是人类生存的极限。

水的冰点：0℃是水开始凝结、冰开始融化的平衡点，悬浮着冰块的冰水的温度为 0℃。

盐水的冰点：如果水中有盐分，那么它结冰的温度就会低于 0℃，水中含有的盐分浓度越高，冰点就越低。人们经常在雪后的路面上撒盐，这样可以融化较薄的冰面。

水的沸点：在标准大气压下，水在 100℃的温度下会沸腾，但是在高山上，气压比较低，沸点也会降低。也就是说，高山上，水不到 100℃时就开始沸腾了，即使炉火再旺，温度也不会再升高。

中国最热的地方：新疆的吐鲁番，被称为“火洲”，也就是《西游记》中火焰山所在地，年最高温度 43℃，地表温度 75℃。历史最高气温 49.6℃（地表 83.3℃）。

现在人们已经设计了一种高压锅，盖上有一个限压阀，锅盖内衬有密封胶圈，锅盖紧紧盖住锅身，不透气。用高压锅烧水煮饭，水蒸气无法从锅里出来，这些膨胀的水汽积得很多时，就增大了锅内的压强，当它达到1个大气压强时，锅内水的沸点和平地上一样，生米自然能煮熟了。

那高山上只能吃生米饭了吗？
必须要用高压锅。

中国最冷的地方：中国最冷的地方是内蒙古根河市，位于大兴安岭北段西坡，呼伦贝尔市北部。这里年平均气温 -5℃左右，极端低温 -58℃，年封冻期 210 天以上，素有“中国冷极”之称。

最耐热的生物：庞贝虫是世界上最耐热的生物，它们生活在海底火山口周围，这些地方的温度可以达到 81℃。

吐鲁番

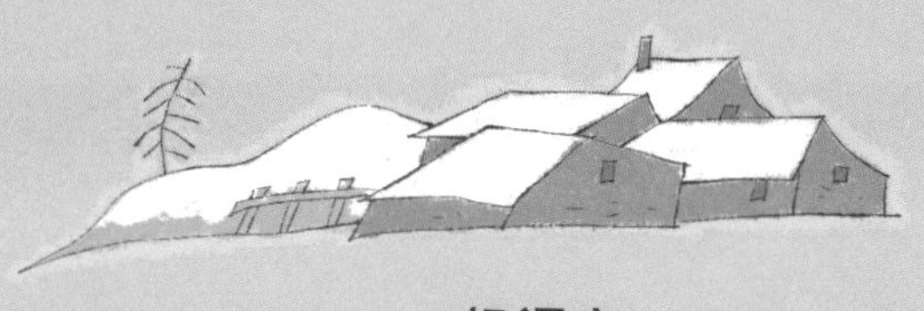

根河市

春夏秋冬四季

地球在自转的同时，还在围绕着太阳不停地公转。地球公转的方向与自转方向一致，也是自西向东，公转一周的时间是一年。地球在公转的时候，地轴是倾斜的，而且它的空间指向保持不变。

地球自转一圈就是一天，或者说二十四小时。

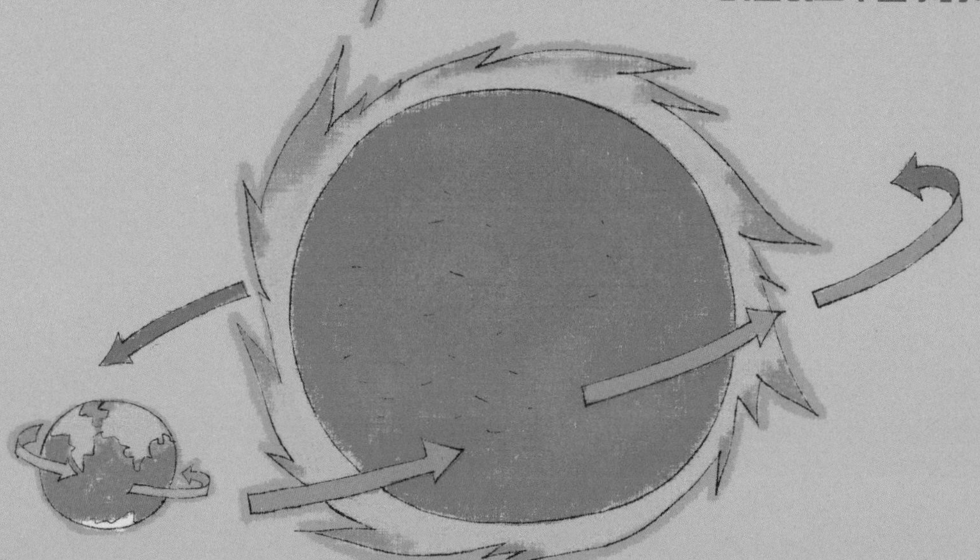

这样，地球在公转轨道的不同位置上，受太阳照射的情况不同，接收到的太阳热量也会发生变化，就形成了春、夏、秋、冬四季。

南半球和北半球的季节是相反的。北半球是冬天时，南半球是夏天。

春分

3月21日前后，太阳光照射在赤道上，这一天称为春分日。南北半球接收的太阳能量差不多，春分日前后的3、4、5三个月是北半球的春季。

6月22日前后，太阳光直射在北回归线上，这一天称为夏至日。北半球接收太阳热量多，气温较高，夏至日前后的6、7、8三个月是北半球的夏季。

冬至

12月22日前后，太阳光直射在南回归线上，这一天称为冬至日。北半球接收太阳热量少，气温较低，冬至日前后的后12、1、2三个月是北半球的冬季。

9月23日前后，太阳光照射在赤道上，这一天称为秋分日。秋分日前后的9、10、11三个月是北半球的秋季。

气温的变化和观测

每天，我们都能通过电视、广播、网络等媒体，听到或读到一个词——气温。气温就是指大气的温度。天气预报常会报道一天中的最高气温和最低气温。

最高气温在每天的14点前后出现。

最低气温在每天的日出前后出现。

一天中最高气温与最低气温之间的差，就叫作**气温日较差**。

地面气象观测中测定的气温是离地面1.5米处的气温。气温的观测包括实时气温、日最高气温、日最低气温。

观测气温的仪器有温度计、最高温度表、最低温度表等。这些观测仪器都放置在百叶箱里，百叶箱能让空气自由流通，防止太阳对仪器的辐射，使仪器免受风、雨、雪等影响，保证数据的准确性。

自动气象站能够对气温进行实时观测，每逢整点记录一次。在我国，人工观测记录气温一般在每天的北京时间8时、14时、20时、2时各进行一次。

天气预报说最近早晚温差大，我们得准备一件开衫外套，冷的时候穿上，热的时候脱掉。

可不，前天早上穿少了，把我冻得直打哆嗦，直到中午才感觉身体暖和过来。

如何改变物体的温度

改变物体的温度，最简单直接的方法就是——给物体加热。

火加热

火加热：在远古时期，人类发明了钻木取火的方法，从此人类开始用火加热食物，结束了茹毛饮血的历史。

微波加热：微波炉通过发射微波，激发食物自身水分子运动，摩擦加热。用微波炉加热时，食物是从内部开始热起来的。

微波加热

电热丝加热

电热丝加热：烤箱和电吹风是借助电器内部的电热丝加热的。电流通过电热丝，产生大量的热。

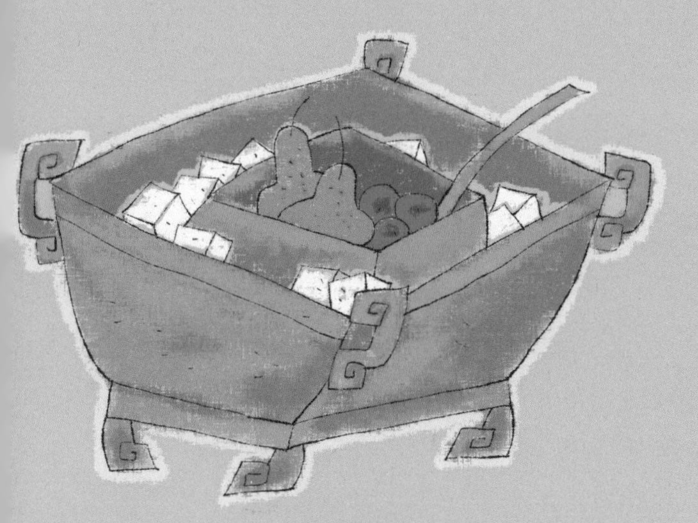

冰块制冷

给物体制冷的方法也有很多。

冰块制冷：古人在夏天常用冰块制冷。冰块在融化的过程中需要吸热，能够带走环境中的热量，从而达到降温的效果。

人类最早使用的“冰箱”：《周礼》里有关于“冰鉴”的记载。所谓“冰鉴”，就是暑天用来盛冰，并置食物于其中的容器。

制冷剂制冷：冰箱和空调器都是利用制冷剂来制冷的。制冷剂的工作原理是把冰箱、室内的热量“运输”到外面去，它就好像是热量的“搬运工”，从而达到降温的目的。

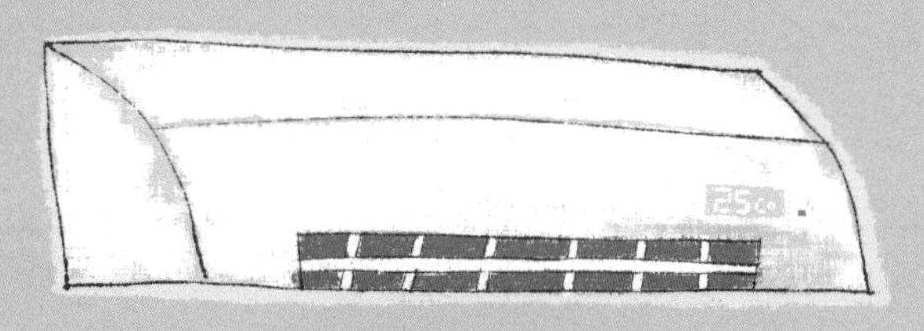

制冷剂制冷

古人夏天用的冰块是从哪里来的呀？
古人特别聪明，他们在冬天把河里冻结的冰挖出来，切成四四方方的形状，储藏在地下冰窖里。用新鲜稻草铺在窖底，把冰块放置在上面，然后再密封窖口。第二年夏天的时候，就能取出来使用了。

谁救了司马懿

三国时期，诸葛亮在祁山的上方谷摆开战场，布下天罗地网，备好了干柴、地雷，要一举灭魏军于谷内。战斗开始后，蜀军边战边退，诱敌深入，当魏军进入上方谷后，山上埋伏的蜀军将火把一齐丢下去，用火封住了谷口。

司马懿被困谷中，大惊失色。蜀军带火的箭从四面八方飞下，地雷突发，上方谷内瞬间成为一片火海，魏军死伤惨重。司马懿父子抱头痛哭，陷入绝境。

没想到的是，突然之间，山谷内狂风大作，黑雾弥漫，天低云暗，大雨倾盆而下，山谷大火全被浇灭。司马懿绝处逢生，突出重围。

是老天救了司马懿吗？当然不是！

原来，上方谷地处两山之间，谷口很窄，谷内地势低洼，空气很不流通，一场大火，使上方谷附近空气温度骤然升高，地面附近的热空气迅速上升，而上面的冷空气下沉，同时谷外的冷空气也向谷内涌来，形成了风。因此，便出现了狂风大作、黑雾弥漫的现象。谷底湿热的空气上升到空中后，遇冷凝结成云，干柴燃烧后产生大量烟尘，加速了云层的形成，所以才降下了大雨。

这简直就是现在的人工降雨呀！
想不到大名鼎鼎的诸葛亮居然也有失策的时候！

图书在版编目（CIP）数据

绕不开的计量单位. 4, 温度：太阳上有多热？ / 韩明编著；马占奎绘. -- 北京：电子工业出版社, 2024.1
（超级涨知识）
ISBN 978-7-121-46825-4

Ⅰ. ①绕… Ⅱ. ①韩… ②马… Ⅲ. ①计量单位－少儿读物 Ⅳ. ①TB91-49

中国国家版本馆CIP数据核字（2023）第251676号

责任编辑：季　萌
印　　刷：当纳利（广东）印务有限公司
装　　订：当纳利（广东）印务有限公司
出版发行：电子工业出版社
　　　　　北京市海淀区万寿路173信箱　邮编：100036
开　　本：889×1194　1/20　印张：12.2　字数：317.2千字
版　　次：2024年1月第1版
印　　次：2024年1月第1次印刷
定　　价：138.00元（全6册）

凡所购买电子工业出版社图书有缺损问题，请向购买书店调换。若书店售缺，请与本社发行部联系，联系及邮购电话：（010）88254888，88258888。
质量投诉请发邮件至zlts@phei.com.cn，盗版侵权举报请发邮件至dbqq@phei.com.cn。
本书咨询联系方式：（010）88254161转1860，jimeng@phei.com.cn。